せつない星座図鑑

夜空はいつだって、
ちょっとせつない。

ふと夜空を見上げるとき、あなたはどんな気持ちになりますか？

「星がきれいだな」
「明日はどんな日かな」
「あの人、なにしているかな」

人生やこれからのこと。家族、恋人のこと。生きること、死ぬこと。
昼の空とは違い、なんとなく自分との会話が増え、
いろんなことが頭の中をぐるぐる巡り……。

そう、「夜空」と「せつなさ」は、切っても切れないものなのです。

もしかするとそれは、ずっと昔から同じなのかもしれません。

星座は、いまから約5000年前に、
現在のイラク付近で初めてつくられたと言われています。

その後、ギリシャでは星座と神話が結びつけられました。
ギリシャ神話に残る物語の多くは、
登場人物が命を落としたり、
悪いことをして星にされてしまったり……。
なんだか泣けるものばかりなのです。

この本では、そんな「せつない事実と物語」を
88星座すべて紹介します。

あなたの星座は、あの人の星座は、
どんな泣ける物語でしょうか？

せつない12星座

P 8 ★ おひつじ座
P12 ★ おうし座
P16 ★ ふたご座
P20 ★ かに座
P24 ★ しし座
P28 ★ おとめ座
P32 ★ てんびん座
P36 ★ さそり座
P40 ★ いて座
P44 ★ やぎ座
P48 ★ みずがめ座
P52 ★ うお座
P56 ★ コラム1

誕生星座は、誕生日には見えづらい。

せつない夏の星座

P82 ★ こと座
P84 ★ わし座
P86 ★ はくちょう座
P88 ★ ヘルクレス座
P92 ★ りゅう座
P94 ★ へびつかい座
P95 ★ へび座
P96 ★ いるか座
P98 ★ や座
P99 ★ かんむり座
P100 ★ みなみのかんむり座・ぼうえんきょう座・たて座
P101 ★ おおかみ座・こぎつね座
P102 ★ コラム3

織姫と彦星は、遠距離恋愛すぎる。

せつない春の星座

P60 ★ おおぐま座
P62 ★ こぐま座
P64 ★ おおぐま座・こぐま座
P66 ★ うみへび座
P68 ★ ケンタウルス座
P70 ★ うしかい座
P72 ★ かみのけ座
P74 ★ からす座
P75 ★ コップ座
P76 ★ こじし座・りょうけん座
P77 ★ ろくぶんぎ座・ポンプ座
P78 ★ コラム2

北極星はいつか、北極星ではなくなる。

せつない秋の星座

P106 ★ カシオペヤ座
P108 ★ アンドロメダ座
P110 ★ ケフェウス座
P111 ★ くじら座
P112 ★ ペルセウス座
P114 ★ ペガスス座
P116 ★ こうま座
P117 ★ みなみのうお座
P118 ★ けんびきょう座・とかげ座・さんかく座
P119 ★ つる座・ほうおう座・ちょうこくしつ座
P120 ★ コラム4

惑星の神々は、お騒がせ者ばかり。

せつない 冬の星座

P124 ★ オリオン座

P128 ★ おおいぬ座

P130 ★ こいぬ座

P132 ★ ほ座・らしんばん座・とも座・りゅうこつ座

P134 ★ エリダヌス座

P136 ★ ぎょしゃ座・はと座

P137 ★ やまねこ座・うさぎ座

P138 ★ きりん座・いっかくじゅう座

P139 ★ ちょうこくぐ座・ろ座

P140 ★ コラム5

　天の川は、冬にもある。

せつない 南の星座

P144 ★ みなみじゅうじ座・みなみのさんかく座

P145 ★ くじゃく座

P146 ★ はえ座

P147 ★ インディアン座・レチクル座

P148 ★ とびうお座

P149 ★ かじき座・きょしちょう座

P150 ★ とけい座

P151 ★ じょうぎ座・コンパス座

P152 ★ がか座・さいだん座

P153 ★ みずへび座

P154 ★ カメレオン座・ふうちょう座・はちぶんぎ座・テーブルさん座

P156 ★ コラム6

　いまは、もうない星座がある。

P158 ★ 索引

5

☆ 星の図の解説

A＊ 誕生星座：3/21～4/20
B＊ 学名：Aries
C＊ 設定者：プトレマイオス
D＊ 見やすい時期：12月下旬（冬の星座）
　　おひつじ座が12星座で一番最初に登場するのは、かつて春分点（春分の日の基準）がおひつじ座にあったからです。

A：誕生星座の一般的な期間（12星座のみ記載）

B：星座の世界共通表記

C：星座をつくった人やまとめた人など

D：午後8時ごろに星座が高く見える時期

- 文章の内容は諸説あるものもあります。
- イラストは細部を省略したり、変形させているものもあります。
- 星の図では、明るい星ほど大きく表しています。
- 誕生星座の期間は、星占いにより日付が異なることがあります。

せつない
12星座

おひつじ座

おひつじ座のヒツジは、少女を空から落としてしまう。

「これだ」と決めたら一直線……おひつじ座は、そんなヒツジの姿です。アタマス王の妻・イノは、王の子・プリクソスを殺そうと企んでいました。プリクソスは最初の妻の子で、イノは二番目の妻だったからです。それを知った最初の妻がゼウスに相談すると、ゼウスは金のヒツジを地上に送りました。金のヒツジはプリクソスと妹・ヘレを乗せてビュンと飛び立ちましたが、空の高さに目がくらんだヘレは、なんと海へ落下。結局、プリクソスだけしか救えなかったのです。

　金のヒツジ……どうやらまわりが見えなくなるほど「1つのこと」に没頭するタイプのようです。

- ★ 誕生星座：3/21～4/20
- ★ 学名：Aries
- ★ 設定者：プトレマイオス
- ★ 見やすい時期：12月下旬（冬の星座）

おひつじ座が12星座で一番最初に登場するのは、かつて春分点（春分の日の基準）がおひつじ座にあったからです。

おひつじ座のヒツジは、
毛皮にされる。

　王の子・プリクソスを救い出し、新しい土地にたどりついた金のヒツジ。しかし、最後はとんでもない姿になってしまいます。プリクソスが、新しい土地の王に金のヒツジを毛皮にしてプレゼントしたのです。いくら王を喜ばせたいからといって……なんとも「メェわく」な話ですね。

　ちなみに、プレゼントをもらった王は、うれしさのあまり、毛皮を深い森の奥にある高い木の枝にかけて、絶対に眠らない竜に見張りをさせました。保管の方法が斬新すぎる！

12星座

おうし座

おうし座は、ゼウスが、ナンパ目的で変身したウシ。

女性をくどくためなら、ゼウスは手段を選びません。

ある日、フェニキア王の娘・エウロパの前に、1頭のウシが現れました。「背中にどうぞ」とかがむウシの上に、彼女が思わず腰をかけると、突然**ウシは海へとモゥダッシュ**。そして一言。「**私はゼウスだ。いっしょに暮らそう**」……なんとウシはゼウスだったのです。地中海を越え、クレタ島に着いた2人はやがて結婚。ウシ（ゼウス）が駆けまわった地域は、「エウロパ」の名前をとって「ヨーロッパ」と呼ばれるようになりました。

　それにしてもゼウス、いくら神だとはいえ、くどき方が無茶苦茶です。

★ 誕生星座：4/21 〜 5/21
★ 学名：Taurus
★ 設定者：プトレマイオス
★ 見やすい時期：1月下旬（冬の星座）
ウシの右目近くにあるのが、1等星・アルデバラン。プレアデス星団は、日本では「すばる」と呼ばれてきました。
※ 星団：星が集まっているところ。

おうし座は、ゼウスのせいで
ひどくいじめられた娘。

　おうし座には、ゼウスのナンパ物語がもう1つあります。ゼウスが川の神の娘・イオをからかって遊んでいたときのこと。妻のヘラがやってきたのに気づいたゼウスは、あわててイオを子ウシの姿に変えました。それを見抜いたヘラは子ウシを預かり、目が100もある怪物・アルゴスに見張らせます。ゼウスはなんとかイオを救い出しましたが、怒ったヘラはアブを放ち、イオはエジプトまで逃げることに。いきなり子ウシにされ、アブに追われ……災難としか言いようがありません。

　そんなかわいそうなイオのためか、ゼウスの星とされる木星（P121）の衛星の1つには、イオの名前が付けられています。

※ 衛星：惑星のまわりをまわる天体（地球の「月」にあたる）。

15

ふたご座

ふたご座は、とても仲のいい双子の姿です。兄・カストルと、永遠の命を持つ弟・ポルックスは、どんなときもいっしょでした。しかしある日、カストルが弓で射殺されてしまいます。「兄がいなければオレも死ぬ！」となげくポルックス。でも、彼は永遠の命を持つために死ねません。その様子を見たゼウスは、兄弟がずっといっしょにいられるよう、ポルックスを不死身から解き放ち、２人を夜空の星としたのです。

ふたご座の弟は、兄を失ったショックで死のうとした。

「命をささげたい人がいる人生」は、きっと「永遠の命を手にした人生」より幸せなはず。

- ★ 誕生星座：5/22～6/21
- ★ 学名：Gemini
- ★ 設定者：プトレマイオス
- ★ 見やすい時期：3月上旬（冬の星座）

毎年12月14日ごろに見える「ふたご座流星群」は、多くの流れ星を見ることができ、三大流星群の1つです。

17

ふたご座のパパは鳥。

　ふたご座のカストルとポルックスは、スパルタの王妃・レダから生まれた双子。パパは2人いて、その1人（羽）はなんと白鳥！　そのため、カストルとポルックスは卵から生まれました。しかもその白鳥の正体はゼウス。レダをくどくために、白鳥に姿を変えていたのです。ウシになったり（P12）、白鳥になったり……ゼウスって罪なやつ。

ふたご座の星は、
兄より弟の方が明るい。

「1等星」「2等星」という言葉を聞いたことがありませんか？　これは星の明るさを表す単位で、数字が小さいほど明るい星であることを表します。ふたご座には兄弟の名前がついた星があり、兄・カストルが2等星、弟・ポルックスは1等星。つまり、夜空では弟の方が少し明るく輝いているのです。

かに座

かに座のカニは、踏まれて命を落とす。

王から「毒ヘビ退治」の命令を受けた英雄・ヘルクレス。彼が毒ヘビをやっつけようとしたとき、大きなカニが足元に近づいてきました。そして、ヘルクレスの足をハサミで切ろうとしたのです。「なんだオマエは！」。そう叫んだヘルクレスが足でひと踏みすると、**カニはペシャンコにつぶれてしまいました。**

　みずからの危険をかえりみず、毒ヘビを助けようとしたカニ。でも、ヘルクレスはギリシャ神話最大の英雄……相手が悪かったですね。

★ 誕生星座：6/22〜7/23
★ 学名：Cancer
★ 設定者：プトレマイオス
★ 見やすい時期：3月下旬（春の星座）
カニの甲羅部分にあるプレセペ星団は、空が暗い場所であれば肉眼でもぼんやりと見えます。
※ 星団：星が集まっているところ。

21

かに座のカニが
踏みつぶされたのは、女神のせい。

　英雄・ヘルクレスに踏みつぶされたカニは、なぜヘルクレスを襲ったのでしょうか。それは、**ヘルクレスを憎んでいた女神・ヘラの呪いにかかっていたから**。カニはヘルクレスに踏みつぶされたあと、女神のために戦ったことを評価されて、かに座となったのです。

　ただ、星になったカニが納得しているかどうかは……謎です。

12星座

しし座

しし座のライオンは、「春の悪役3星座」の1つ。

「獅子」と聞くと、「王」「勇気」などのイメージが湧きますが、**しし座は人食いライオンです。** かに座（P20）、うみへび座（P66）と合わせて、**「春の悪役3星座」としても知られています**（みんな英雄・ヘルクレスにやられます）。弓矢をはね返すほどのかたい皮を持つライオンは、**勢いよくヘルクレスに襲いかかりましたが、逆に首をしめられて命を落としてしまいました。**

　自信満々で戦いに挑むも、最後はヒーローに倒される……典型的な悪役すぎて、逆に「愛すべきキャラクター」にも見えてきます。

★ 誕生星座：7/24 ～ 8/23
★ 学名：Leo
★ 設定者：プトレマイオス
★ 見やすい時期：4月下旬（春の星座）
2等星・デネボラは「春の大三角（P59）」の1つ。1等星・レグルスは「小さい王」を意味し、心臓部分にあります。

しし座のライオンは、
戦いに負けたあともかなり残念。

結局、英雄・ヘルクレスに倒されてしまったしし座のライオン。でも、話はそこで終わりません。**ヘルクレスはライオンを毛皮にして、身にまとって暮らしはじめたのです。**

まわりを惹きつける独特のオーラを手に入れたヘルクレス。一方、食い殺そうと思った相手に殺され、さらにその相手の引き立て役になってしまったライオンは、自分の運命に絶句したに違いありません。

おとめ座

おとめ座の女神が泣いたとき、「冬」が生まれた。

「『冬』を生んだのはおとめ座」と聞いたら、あなたは信じますか？　ある日、豊穣の女神・デメテルは、死の国の王・ハデスに娘をさらわれてしまいます。ゼウスによって娘は助け出されましたが、娘は1年のうち4ヶ月を死の国で暮らすことになってしまいました。死の国のザクロを4つぶ食べてしまったからです。娘がいなくなる4ヶ月は、デメテルがふさぎこみ、花は枯れ、大地は荒れ果てるため、寒い冬となります。

　……デメテル、お願いだから泣かないで！

★ 誕生星座：8/24 ～ 9/23
★ 学名：Virgo
★ 設定者：プトレマイオス
★ 見やすい時期：6月上旬（春の星座）

全星座で二番目に大きな星座。青白い1等星・スピカは「春の大三角（P59）」の1つで、日本では「真珠星」とも呼ばれます。

29

おとめ座

おとめ座の乙女は、
実はだれだか分からない。

　おとめ座の乙女には、2つの説があります。豊穣の女神・デメテルという説と、正義の女神・アストレア（P32）という説。アストレアは天秤を使って人々の行いを裁いていた女神です。その天秤は、てんびん座となっておとめ座の足元で輝いています。

　冬を生んだデメテルと、人間を裁くアストレア……どちらにしろ、おとめ座はかなりクセの強い乙女のようです。

てんびん座の女神は、人間を見捨てた。

「魂の善悪をはかる天秤」を持つ、正義の女神・アストレア。彼女は天秤を使って、争いを公平に裁いていました。やがて人間が武器をつくって本格的に戦うようになると、神々はあきれて天へと帰ってしまいます。しかし、アストレアだけは人間を信じ、天秤を使って裁きつづけました。でも、戦争は収まるどころか激しさを増すばかり。**とうとうアストレアも「もう無理」と見切りをつけ、天へと帰ってしまったのです。**

人間てホント乱暴でイヤ!!
実家に帰らせていただきます

↑ アストレア

残されたのは天秤だけ。アストレアの姿はありません。
争うばかりの人間に対して、かなり怒っているのかも……。

ズベンエスカマリ
ズベンエルゲヌビ

★ 誕生星座：9/24～10/23
★ 学名：Libra
★ 設定者：プトレマイオス
★ 見やすい時期：7月上旬（夏の星座）

星の並びはシンプルですが、その中の星には「ズベンエルゲヌビ」「ズベンエスカマリ」と、複雑な名前が付いています。

てんびん座は 12 星座で唯一、生き物じゃない。

　てんびん座以外の 12 星座は、すべて生き物の星座です。**てんびん座は、悪い魂が下がり、いい魂が上がる「天秤」。**天秤の持ち主である正義の女神・アストレアは、すぐ隣のおとめ座（P30）になったとも言われ、てんびん座にはいません。残念ながら持ち主不在の星座です。

てんびん座は、もともとさそり座の一部。

　古代ギリシャのころは、てんびん座はなかったと言われています。**天秤ではなく、隣にあるさそり座（P36）のハサミと考えられていたそうです。**　そのため、てんびん座のズベンエルゲヌビには「南のツメ」、ズベンエスカマリには「北のツメ」という意味があります。

さそり座

さそり座のサソリは、オリオンに恐れられている。

「俺より強い者はいない」……狩りの名人・オリオンには、乱暴でうぬぼれているところがありました。神々はその態度に我慢ができません。罰としてサソリを放つと、**サソリは尾の毒針でオリオンをブスッ……あっという間に刺し殺してしまったのです。** そのためオリオン座（P124）は、夏の星座のさそり座とは反対に、冬の星座になったと言われています。

「俺より強い者はいない」と言っていたのに、意外と臆病者です。

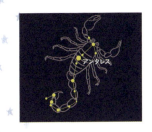

★ 誕生星座：10/24～11/22
★ 学名：Scorpius
★ 設定者：プトレマイオス
★ 見やすい時期：7月下旬（夏の星座）

サソリの中心で真っ赤に輝く1等星・アンタレスは、日本では「酒酔い星」「赤星」とも呼ばれます。

37

さそり座

さそり座のサソリは、大火事を引き起こした。

　太陽の神・アポロンには、ファエトンという息子がいました。ある日、ファエトンがアポロンから借りた太陽の馬車に乗り、空を駆けていると、サソリが馬たちを襲いました。驚いた馬たちが暴走すると、馬車は燃えながらあちこちに火をつけ、あっという間にあたり一面、焼け野原になってしまったのです（P86）。サソリ……そんないたずらしなくてもいいのに。

さそり座は、いて座に狙われている。

　さそり座のすぐ後ろにいるのがいて座（P40）。その弓矢は、ピンポイントでさそり座に向いています。いて座はさそり座が悪いことをしないよう、常に構えて見張っているのです。

39

いて座のケイロンは、間違って射られる。

「世の中ってときどき理不尽」……そんな気持ちになるのが、いて座の物語です。半人半馬の姿をした乱暴者のケンタウルス族。その中でも、ケイロンだけは穏やかな性格でした。ある日、ケンタウルス族と英雄・ヘルクレスがケンカをはじめてしまいます。ヘルクレスの先生だったケイロンがケンカを止めに入ると、**ヘルクレスの放った毒矢がたまたまケイロンの膝に命中**。ケイロンはなんと、教え子に弓矢で射られてしまったのです。

← ヘルクレス

あっ先生

すいません　つい

正義感が強い人ほど、痛い目にもあいやすい……それは昔から同じのようです。

南斗六星

★ 誕生星座：11/23 ～ 12/22
★ 学名：Sagittarius
★ 設定者：プトレマイオス
★ 見やすい時期：9月上旬（夏の星座）

天の川の一番明るい場所にあり、弓の部分には「南斗六星」と呼ばれる6つの星が並びます。

いて座のケイロンは、
どんなに苦しくても死ねない。

　教え子のヘルクレスに毒矢で射られたケイロンでしたが、災難はつづきます。ケイロンは不死身だったので、どんなに痛くて苦しくても死ぬことができないのです。「私は大丈夫だから帰りなさい」と言ってヘルクレスを許したあと、ケイロンは1人でうめき声をあげながら苦しみます。

やがて「これは耐えられん」と思ったケイロンは、夜空に祈りました。「どうか私を死なせてください」……そんなケイロンをゼウスは哀れに思い、願いを聞き入れ、天の星に上げたのです。

ちなみに、いて座は漢字で「射手座」。「弓を射る人」という意味です。でも、神話では逆に弓で射られて死ぬほど苦しんでいます。

12星座

やぎ座

やぎ座のヤギは、下半身だけ魚。

上半身は人間、下半身はヤギ……牧場の神・パンは、そんな変わった姿でした。ある日、神々の宴会でパンがあし笛を吹いて盛り上げていると、突然、怪物・テュフォンが現れます。驚いたゼウスはオオワシになって逃げ出しました。パンはというと、魚になって川にもぐろうとしましたが……あわてていたので**上半身はヤギ、下半身は魚の姿**になってしまったのです。テュフォンが去り、**パンを見たゼウスは大爆笑**。「そのまま星座にしよう」と言い、パンを夜空に上げたのです。ひどいぞゼウス！

★ 誕生星座：12/23 ～ 1/20
★ 学名：Capricornus
★ 設定者：プトレマイオス
★ 見やすい時期：10月上旬（秋の星座）

　古代ギリシャでは、逆三角形の星の並びは「神々の門」と呼ばれ、人間が天に昇るときの入口と考えらえていたそうです。

45

やぎ座の神は、妖精にふられる。

　神だって失恋します。牧場の神・パンは、妖精・シュリンクスに片思いをしていました。ある日、パンは川辺で彼女を見つけ、走って近づこうとします。しかし、**恥ずかしがり屋のシュリンクスは驚いてしまい、川の神に頼んで1本の葦になってしまったのです。**悲しんだパンでしたが、彼はなんとその葦で笛をつくりはじめました。それが、神々の宴会で吹いていたあし笛です。

　それにしても、好きな人をあし笛にしてしまうパン……メンタル図太すぎ。

やぎ座のヤギは、「パニック」の語源。

　陽気で明るい牧場の神・パンは、昼寝が大好きでした。寝ているところを邪魔されると、怒ってまわりの人々をビックリさせていたとか。そのため、**パンの名前から「大あわてすること」を「パニック」と言うようになった**そうです。

47

みずがめ座

みずがめ座の少年は、ワシにさらわれる。

ゼウスが一目ぼれした美少年がいます。それは、若くて美しいヒツジ飼いの少年・ガニュメデス。だれもが見とれるその姿に、ゼウスも思わずうっとり……「なんとかあの少年を近くに置いておきたい」と思った彼は、**大きなワシに変身。ヒツジを追っていたガニュメデスをさらっていったのです（P84）。**

　みずがめ座の「水がめを持つ少年」は、そんなガニュメデスの姿。ヒツジを追っているときにワシに誘拐されるなんて……現実にはありえない珍体験ですね。

★ 誕生星座：1/21～2/19
★ 学名：Aquarius
★ 設定者：プトレマイオス
★ 見やすい時期：10月下旬（秋の星座）

「Aquarius」は、「水を持つ男」「水を運ぶ男」という意味。
水が流れ落ちる先には、みなみのうお座（P117）があります。

みずがめ座の少年の仕事は、お酒をつぐこと。

　ワシ（ゼウス）にさらわれてしまった少年・ガニュメデス。天に連れていかれた彼は、ゼウスの宮殿でお酒をつぐ役目を与えられます。一方、地上ではガニュメデスの両親が、行方不明の息子をずっと心配していました。そんな両親にゼウスは使者を送り、「ガニュメデスは神々に酒をつぐ大事な仕事をしていて、これから死ぬことなく、天で輝きつづけるだろう」と伝えたのです。ゼウス……やりたい放題。

12星座

うお座は、怪物に襲われて逃げた親子。

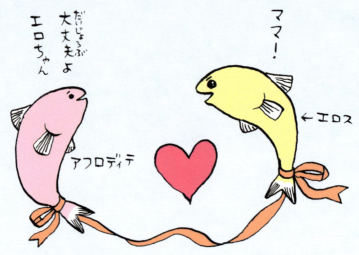

　うお座には、神の親子の物語が残っています。愛と美の女神・アフロディテには、エロスという美しい息子がいました。ある日、2人が川のほとりを歩いていると、突然、怪物・テュフォンが現れます。「飛び込むわよ！」とアフロディテはエロスに叫び、川へ飛び込みました。するとその瞬間、2人は2匹の魚になったのです。

しっぽは2人が離れぬよう、しっかりとリボンで結ばれていました。まるで、さっきまで親子がつないでいた手のように。

★誕生星座：2/20～3/20
★学名：Pisces
★設定者：プトレマイオス
★見やすい時期：11月下旬（秋の星座）

「V」の形が特徴の大きな星座。明るい星が少ないため、隣にある「秋の四辺形（P105）」を目安に探すと見つけやすいです。

53

うお座の少年は、恋心を 自由に操る悪魔のような神。

　母といっしょにうお座となった愛の神・エロス。彼は、恋に落ちてしまう「黄金の矢」と、憎しみを抱いてしまう「鉛の矢」を持っていました。その２つを使ってエロスは人間や神たちを「愛と憎しみの地獄」に落としたのです。ただ、うっかり者なのか、自分で「黄金の矢」を触ってしまい、プシュケという美しい娘に恋してしまうことも。

　結果的にプシュケと結婚したエロス……自分の「恋心」だけは自由に操れなかったようです。

\ せつないコラム1 /
column1

誕生星座は、誕生日には見えづらい。

星座と言えば、気になるのが誕生星座。でも、誕生日に誕生星座は見えづらいのをご存知ですか？

　地球は太陽のまわりを1年（12ヶ月）かけて1周します。そのため、地球から太陽を見ると、1年かけて太陽が星座の中を移動していくように見えます（実際は昼なので星座は見えないのですが）。その太陽の通り道にある星座をもとにつくられたのが誕生星座です。

　つまり、「誕生星座＝誕生日のころに太陽の方向にある星座」。ただこれは数千年前の話。現在は少しずれています。それでも誕生星座は誕生日に太陽に近い位置にあるため、ほとんど見えないのです。

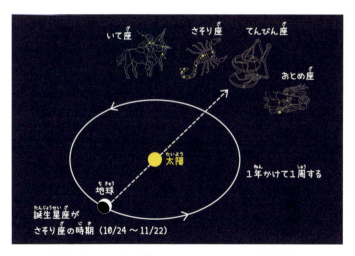

　たとえば、誕生星座がさそり座の時期（10/24～11/22）、さそり座は太陽に近い位置にあるため、空が明るくてほとんど見えません。通常、誕生星座が夜空で見やすい時期は、誕生日の3～4ヶ月前です。

春の星座

せつない
春の星座

※ 惑星・月は表示していません。

画像提供：国立天文台

おおぐま座

おおぐま座のクマは、ゼウスと浮気した妖精。

おおぐま座は、かわいい子が大好きなゼウスの被害者です。妖精・カリストは、月の女神・アルテミスに仕えていました。しかし、新月の日（月が見えない日）に事件が起こります。ゼウスがカリストに優しく声をかけ、2人は恋に落ち、赤ちゃんが生まれたのです。それを知ったアルテミスは激怒。カリストを毛深いクマに変えてしまいます。

カリストはクマになってすぐ、森に逃げ込みました。だって、醜い姿をゼウスに見られたくなかったから。口から出るのは「ウォー!」という低い叫び声だけ……でもある意味、カリストの心の声としてはピッタリかもしれません。

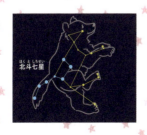

北斗七星

★ 学名：Ursa Major
★ 設定者：プトレマイオス
★ 見やすい時期：5月上旬

北斗七星は、日本ではひしゃく、フランスでは鍋など、各地でいろんなものに見立てられています。

61

こぐま座

こぐま座の少年は、親を殺しかける。

こぐま座も、ゼウスの被害者と言える星座です。 ある日、弓の名手だった少年・アルカスは、森で大きなクマに出会ってしまいます。震える手で弓を握り、両足を広げてゆっくり近づくクマを目がけて矢を放つと、次の瞬間、アルカスは夜空の星となっていました。ゼウスが、アルカスを「こぐま座」に、クマを「おおぐま座」にしたのです。なぜなら、**クマの正体は妖精・カリスト（P60）……アルカスのママだったから。**

アルカスにクマがゆっくり近づいてきたワケを想像すると……せつない！ **「まさか『ママ』が『クマ』だなんて」**というアルカスの声が聞こえてきそうです。

★ 学名：Ursa Minor
★ 設定者：プトレマイオス
★ 見やすい時期：7月中旬

しっぽの一番先にあるのが北極星。常にほぼ真北にあり、昔の人たちにとって北の方角を教えてくれる大切な星でした。

おおぐま座とこぐま座は、
いまも夜空で罰を受けている。

　無事（？）星座となったカリスト（おおぐま座）と息子のアルカス（こぐま座）。でも、2人を憎みつづける女神がいました。ゼウスの妻・ヘラです。**「ゼウス様に愛されたカリストが、夜空で美しく輝くなんて許せない」**という思いから、ヘラはおおぐま座とこぐま座に意地悪をします。2つの星座が休むことなく、グルグルとまわりつづける運命にしたのです。ずっと許せない憎しみがある……人も神も同じですね。

　ちなみに、おおぐま座もこぐま座も、ゼウスがしっぽをつかんで空に投げたため、クマなのにしっぽの長い姿で星座になってしまったそうです。

うみへび座のヘビは、「海」にいない。

　うみへび座のヘビは、実は「海」にいたわけではありません。**泉にすむ毒ヘビです。**名前はヒドラ。頭が9本あり、かに座（P20）のカニといっしょに、ヘルクレスに退治されてしまいました。しし座（P24）、かに座とともに「春の悪役3星座」としても知られています。

　頭を切り落としても、すぐに新しい頭が生えてくるお化けのような毒ヘビでしたが、そこは悪役。**ヘルクレスに何度も首を切られ、切り口を焼かれ、こん棒で殴られつ**

づけ、最後は大きな岩で頭をつぶされる……引くほどの
やられっぷりです。ヘルクレス、容赦なし。

★学名：Hydra

★設定者：プトレマイオス

★見やすい時期：4月下旬

88ある星座の中で、一番大きな星座です。からす座、コップ座、ろくぶんぎ座を背に乗せているように見えます。

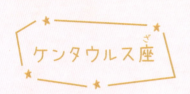

ケンタウルス座

ケンタウルス座は、「うっかりミス」で命を落とす。

これほど哀れな星座は、ほかにありません。ケンタウルス座は、半人半馬のケンタウルス族だったフォローの姿。彼が英雄・ヘルクレスとお酒を飲んでいると、気性の荒いケンタウルス族がやってきて、ヘルクレスとの間に争いがはじまってしまいます。毒ヘビ（P66）の毒を塗った矢で、ケンタウルス族をあっという間に追い払ったヘルクレス。しかし、**なにげなくその矢を拾ったフォローが、なんと自分の足に落としてしまったのです。**毒が全身にまわり、フォローはあっけなく死んでしまいました。おっちょこちょい！

ちなみに、ケンタウルス座は「ヘルクレスに武術を教えたケイロンの姿（P40）」という説もあります。

リギル
ケンタウルス

★ 学名：Centaurus
★ 設定者：プトレマイオス
★ 見やすい時期：6月上旬

東京では上半身くらいまでしか見えません。1等星・リギルケンタウルスは、太陽の次に地球に近い恒星です。
※恒星：太陽のようにみずから光る星。

69

うしかい座

うしかい座は、だれだかはっきりしていない。

オレってホントはだれなんだろう

あんまき気にすんなよ！

↑ アトラス？ アルカス？

うしかい座は、正体不明の星座です。「天を支えるアトラス」「馬車を発明したエリクトニウス（P136）」「妖精・カリストとゼウスの間に生まれたアルカス（P62）」など、さまざまな説があります。ただ、**どれも「牛飼い」とは縁のなさそうな人ばかり。**右手にこん棒、左手に2匹のイヌ（りょうけん座）を連れているこの牛飼いの姿……だれか正体を教えて〜！

★ 学名：Bootes
★ 設定者：プトレマイオス
★ 見やすい時期：6月下旬

「春の大三角（P59）」の1つである、1等星・アークトゥルス。
「熊の番人」を意味する星です（でも、うしかい座）。

かみのけ座

かみのけ座は、戦争のときにバッサリ切られた髪。

かみのけ座は、夫の無事を願う妻の髪です。エジプト王の妻・ベレニケは、エジプト国外でも知らない者はいないほど、髪の美しさで有名でした。ある年、エジプト王がシリアとの戦争に行くことになります。不安でたまらないベレニケは、神殿に向かい「夫が生きて戻れば、私の髪を祭壇にささげます」と祈りました。するとエジプト軍は見事に勝利。**ベレニケは美しい髪をバッサリ切って、祭壇にささげました。**それをゼウスが天に上げて星にしたのです。

ベレニケの深い愛の物語なのですが……髪をバッサリ切ったベレニケを見て、エジプト王はさぞビックリしたことでしょう。

- ★ 学名：Coma Berenices
- ★ 設定者：フォーペル
- ★ 見やすい時期：5月下旬

星が集まる星団そのものを髪に見立てています。街の空でも、双眼鏡があればかみのけ座の星々が見られます。

73

からす座は、ウソつきカラス。

- ★ 学名：Corvus
- ★ 設定者：プトレマイオス
- ★ 見やすい時期：5月下旬

　からす座は、太陽の神・アポロンのもとで働く銀色のカラスでした。しかし、**仕事をさぼり、ウソをついたため、アポロンが激怒**。羽を黒くされ、見せしめとして夜空に上げられたのです。しかも、コップ座の水が飲めない絶妙な位置に……。太陽の神だけに、かなりカッカしていたのでしょう。
　日本では「帆かけ星」とも呼ばれます。

コップ座

コップ座は、「コップ」ではない。

ぼ、ぼく、コップじゃなくて杯(さかずき)だから…

飲みたい…

コップ座の杯(さかずき)

★ 学名(がくめい)：Crater
★ 設定者(せっていしゃ)：プトレマイオス
★ 見(み)やすい時期(じき)：5月上旬(がつじょうじゅん)

コップ座は、普段使(ふだんつか)うようなコップではなく、お酒(さけ)と水(みず)を混(ま)ぜる「クラーテル」という器(うつわ)。「太陽(たいよう)の神(かみ)・アポロンの杯(さかずき)」「酒(さけ)の神(かみ)・ディオニソスが、アテネの王(おう)に贈(おく)った杯(さかずき)」など、さまざまな説(せつ)があります。

ちなみに、夜空(よぞら)ではからす座のカラスが飲(の)めそうで飲(の)めない意地悪(いじわる)な位置(いち)にあります。

75

こじし座は、埋め合わせでつくられた。

★ 学名：Leo Minor
★ 設定者：ヘベリウス
★ 見やすい時期：4月下旬

「スペースが空いていたから」……そんな理由で天文学者・ヘベリウスが、しし座とおおぐま座の間につくったこじし座。「小獅子（小さなライオン）」という名前も、やっつけ感が否めません。4等星より暗い星ばかりなので、明るい街で夜空を見上げても、見つけるのはほぼ無理でしょう。

りょうけん座のイヌは、1匹減った。

★ 学名：Canes Venatici
★ 設定者：ヘベリウス
★ 見やすい時期：6月上旬

北斗七星のすぐそばにあるりょうけん座。星をたどっても、残念ながらイヌには見えません。昔はイヌが3匹描かれている図もありましたが、そもそも複数のイヌを表すのは無理な気が……。ちなみに、手前のイヌに王冠とハートが描かれているのは、3等星に「チャールズの心臓」を表す「コルカロリ」という名前が付けられたためです。

ろくぶんぎ座は、天文学者が火事で失った道具。

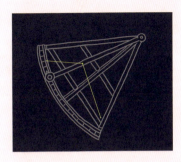

★ 学名：Sextans
★ 設定者：ヘベリウス
★ 見やすい時期：4月下旬

「六分儀」とは、星の高さや、星と星の間の角度を測る天文道具。1679年、ヘベリウスの天文台が火事になり、愛用していた六分儀が燃えてしまいました。そこで彼は、しし座とうみへび座の間にこの星座をつくり、「強い動物に守ってもらおう」と考えたとか。つまり、ものすごく個人的な理由でできた星座なのです。

ポンプ座は、普通の人が想像するポンプとは別物。

★ 学名：Antlia
★ 設定者：ラカイユ
★ 見やすい時期：4月下旬

ポンプ座は、水をくむポンプではありません。17世紀に発明された、「真空ポンプ」という科学実験用の道具です。フランスの天文学者・ラカイユが、アルゴ船（P133）の帆を折り、その位置に割り込ませた星座。日本では、ポンプが倒れた状態で南の地平線近くに現れます。ただ、暗い星ばかりなので見つけにくいです。

\せつないコラム2/
column2

北極星はいつか、北極星ではなくなる。

現在の北極星は、こぐま座のポラリス（P63）。でも、ずっと北極星でいるわけではありません。地球の自転軸は、揺れるコマのように少しずつずれるため、長い年月をかけて北極星になる星は変わっていくのです。この動きを「歳差運動」と言います。

　北極星が別の星に変わるなんて、なんだか不思議な話ですね。

　ちなみに、南極でも同じように南極星になる星が変わっていきます。ただし、現在は南極星と呼べるような明るい星はありません。

※自転軸：地球自身が1日1回転する際の軸。

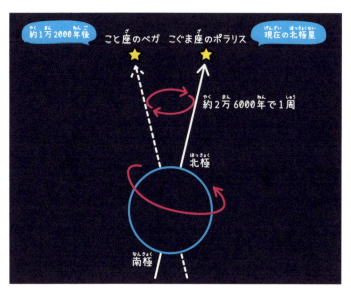

歳差運動の周期は約2万6000年。約5000年前はりゅう座のトゥバンが北極星でした。
約8000年後ははくちょう座のデネブ、約1万2000年後はこと座のベガが北極星となります。

せつない
夏の星座

8月中旬午後9時ごろ 東京の星空

※ 惑星・月は表示していません。

こと座

こと座の琴の持ち主は、「あと一歩」の我慢が……。

夏の星座

琴の名手・オルフェウスは、悲しみにくれていました。愛する妻が死んでしまったからです。彼は妻を取り戻すために、地下にある死の国へと乗り込みます。そして、死の国の王・ハデスの前で、琴を奏でて妻への思いを伝えたのです。「なんと美しい音色だ……」。その響きに聴きほれたハデスは、「地上に出るまで妻の方を決して振り返ってはいけない」という条件付きで妻を返すことを認めます。

　喜んで来た道を戻りはじめるオルフェウス。しかし、彼は「もう少しで地上」というところで、妻がついてきているか不安になり、思わず振り返ってしまいました。すると、悲しそうに微笑んだ妻は、死の国へと引き戻されてしまったのです。これぞ致命的ミス……。

★ 学名：Lyra
★ 設定者：プトレマイオス
★ 見やすい時期：8月下旬

「落ちるワシ」という言葉が由来の1等星・ベガは、「夏の大三角（P81）」で一番明るく見える星。七夕の織姫でもあります。

83

わし座

わし座は、美少年をさらうためにゼウスが化けたワシ。

夏の星座

わし座のワシは、なんとゼウス。ヒツジ飼いの美少年・ガニュメデスをさらうために、ワシになったのです。ゼウスは彼を、神々の宴会でお酒をつぐ係に任命。水がめを持ったガニュメデスは、みずがめ座（P48）となりました。そういえば、わし座とみずがめ座は夜空でとても近い……。

　ちなみに、かつてわし座の足元にはアンティノウス座（P157）がありました。これは２世紀のローマ皇帝のお気に入りだった美少年・アンティノウスの姿。それが、いつからかワシにさらわれるガニュメデスの姿になりました（わし座の絵は、さらわれるガニュメデスも描かれることがあります）。

　また、わし座は「ゼウスに下界の情報を伝えるワシ」という説もあります。いろいろまぎらわしい！

★学名：Aquila
★設定者：プトレマイオス
★見やすい時期：9月中旬

１等星・アルタイルは「夏の大三角（P81）」の1つ。「飛ぶワシ」という言葉が由来です。七夕の彦星でもあります。

はくちょう座

はくちょう座の白鳥は、
川に落ちた友達を探している。

友達を信じなかったことを、後悔したことはありますか? 少年・キクヌスは、ファエトンと友達でした。ある日、「お父さんは太陽の神だ」と言うファエトンをキクヌスは信じられず、「証拠を見せて」と言い返してしまいます。するとファエトンは、父から借りた太陽の馬車で空へ。しかし、うまく操れずあちこちで大火事を起こしてしまったため、**ゼウスが馬車に雷を落とし、ファエトンは空から川にドボン。「ファエトン!」……キクヌスは白鳥の姿となって、もう帰ることのない友達を空から探しているのです。**

　ちなみに、はくちょう座は「スパルタの王妃・レダをくどくために白鳥に化けたゼウス(P18)」「琴の名手・オルフェウス(P82)」という説もあります。

- ★ 学名:Cygnus
- ★ 設定者:プトレマイオス
- ★ 見やすい時期:9月下旬

1等星・デネブは、「夏の大三角(P81)」の1つ。「尾」を意味します。太陽の100倍以上の大きさと言われる星です。

ヘルクレス座は、赤ちゃんのときから強すぎ。

ギリシャ神話最大の英雄・ヘルクレス。彼は、ゼウスと人間の女性の間に生まれた子です。そのためゼウスの妻・ヘラは、ヘルクレスをとても憎んでいました。ある日、まだ赤ちゃんのヘルクレスが寝ているところに、ヘラは2匹の毒ヘビを送ります。しかし、**ヘルクレスは「きゃっきゃっ」とはしゃぎながら、2匹とも手にとってギュッ！……つかみ殺してしまったのです。**「ゼウスの息子」という、最強の才能を与えられた彼にとっては、毒ヘビなんて相手ではなかったようです。

★ 学名：Hercules
★ 設定者：プトレマイオス
★ 見やすい時期：8月上旬

夜空に上がると逆さに見える星座。球状星団M13は、空が暗いところなら肉眼でも見つけられます。

※ 球状星団：10万〜100万ほどの年老いた星の集まり。

ヘルクレス座は、ものすごく汚い小屋を掃除させられる。

　ヘルクレスは幼いころから、女神・ヘラに嫌われていました。彼女の憎しみは、ヘルクレスが結婚してからも消えません。ヘラは彼に呪いをかけ、家族をみずからの手で殺させてしまったのです。そのせいでヘルクレスは、罪ほろぼしとして「12の冒険」をすることに。人食いライオンや毒ヘビを退治したり、金のシカや大イノシシを生け捕ったり、さらには30年も掃除されていなかった小屋を掃除させられたり……。もはや「冒険」ではなく、ただの嫌がらせです。

ヘルクレス「12の冒険」

1　人食いライオン退治（P24）

2　毒ヘビ退治（P66）

3　金のシカを1年追いつづけて生け捕り

4　暴れていた大イノシシを生け捕り

5　30年も掃除されていなかった王様の家畜小屋を1日で掃除

6　怪鳥をドラを鳴らして驚かせ、飛び出したところに矢を放って退治

7　暴れウシを生け捕り

8　人食いウマを生け捕り

9　アマゾン族の女王の帯を奪取

10　怪物が飼っているウシを生け捕り

11　黄金のリンゴ探し（P92）

12　怪物イヌを生け捕り

りゅう座の竜は、居眠りで大失敗する。

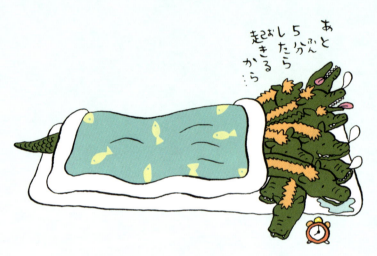

りゅう座は、「眠ることがない」と言われていた竜の姿。100もの頭を持ち、ゼウスが結婚祝いにもらった「黄金のリンゴ」を見張っていたのです。しかし、竜は実のところ、こう思っていました。「すごく眠い……」。長く見張っていたため、その眠たさは限界にきていたのです。そして、大切なところで大失敗を犯します。ヘルクレスに「リンゴを採ってきてくれ」と頼まれたアトラスがやってきたとき、ぐっすりと眠り込んでしまっていたのです。

アトラスは楽々とリンゴを持って帰り、ヘルクレスの手に。……ムリな徹夜はいけませんね。

★ 学名：Draco
★ 設定者：プトレマイオス
★ 見やすい時期：8月上旬

トゥバンは、約5000年前に北極星だった星。現在は歳差運動（P78）によって、こぐま座のポラリスが北極星です。

へびつかい座は、名医すぎて殺された医者。

夏の星座

★ 学名：Ophiuchus
★ 設定者：プトレマイオス
★ 見やすい時期：8月上旬

「出る杭は打たれる」……そんな星座がへびつかい座です。名医として評判だったアスクレピオスは、あまりにも腕がよく、死んだ人まで生き返らせていました。怒ったのが死の国の王・ハデス。「死者が死の国に来ないと、世界は人だらけになる！」とゼウスに訴えます。ゼウスは仕方なく、アスクレピオスに雷を落として夜空の星にしたのです。

へび座は、「まっぷたつ」。

アスクレピオス

* 学名：Serpens
* 設定者：プトレマイオス
* 見やすい時期：7月中旬（頭部）

　もともと、へびつかい座といっしょの星座だったへび座。しかし、天文学者・プトレマイオスが別々の星座にしました。現在は、星座ごとに夜空の領域が決まっているため、へび座は中央にいるへびつかい座（アスクレピオス）を境に、頭としっぽが分かれてしまっています。

　ちなみに、ヘビは脱皮をくり返すため、古代ギリシャでは「健康のシンボル」だったそうです。

いるか座

いるか座のイルカは、神の手下でナンパ役。

夏の星座

自分で誘わず、手下にナンパさせる神もいます。それが、海の神・ポセイドン。彼は馬車で海を走っていた途中、妖精・アンフィトリテを見つけます。「妻にしたい！」……一目ぼれをしたポセイドンでしたが、アンフィトリテは彼を恐れて逃げてしまいました。そこでポセイドンは、頭のいいイルカをアンフィトリテのもとに送り、言葉たくみに誘わせ、自分の宮殿に呼び寄せたのです。神なのに、やり方がかなり汚い……。

ちなみにいるか座は、「海に投げ出された音楽家・アリオンを救ったイルカ」という説もあります。

★ 学名：Delphinus
★ 設定者：プトレマイオス
★ 見やすい時期：9月下旬

昔から少し不思議なイルカの姿が描かれています。日本では「ひし星」、中国では「瓜畑」と呼ばれていました。

や座の矢に射抜かれると、「恋愛バカ」になる。

夏の星座

片思い中の人は、のどから手が出るほどほしい星座かもしれません。や座は、愛の神・エロスが持っていた黄金の矢（P54）。この矢で射抜かれると、人間どころか神でさえも恋心を抱いてしまうのです。

ほかにも、「ヘルクレスが、恩師のケイロンを間違って射抜いてしまった矢（P40）」など、さまざまな説があります。

★ 学名：Sagitta
★ 設定者：プトレマイオス
★ 見やすい時期：9月中旬

98

かんむり座

かんむり座は、失恋直後に結婚した女性の冠。

島に置き去りとかヒドくない？

そんなヤツ別れてよかったよオレじゃだめ？

→ ディオニソス

← アリアドネ

★ 学名：Corona Borealis
★ 設定者：プトレマイオス
★ 見やすい時期：7月中旬

　かんむり座は、「捨てる神あれば拾う神あり」という言葉がピッタリの星座です。あるとき、クレタ島の王女・アリアドネは、アテネの王子によって島に置き去りにされてしまいました。そこにたまたま酒の神・ディオニソスが通りかかります。彼は悲しむアリアドネをなぐさめ、宝石で飾られた冠をプレゼント。2人はめでたく結婚したのです。

99

みなみのかんむり座は、ほかの星座ありきの呼び名。

かんむり座（P99）という星座もある中で、この星座の名前はみなみのかんむり座。近くにある星座に合わせて、「射手の冠」「ケンタウルスの冠」とも呼ばれます。どんなときも、ほかの星座ありきの呼び名で少しかわいそうです……。

★ 学名：Corona Australis
★ 設定者：プトレマイオス
★ 見やすい時期：8月下旬

ぼうえんきょう座の設定理由は、個人の好み。

ぼうえんきょう座の設定者は、フランスの天文学者・ラカイユ。設定時は「天文用の筒」という名前でした。彼が設定した星座の中には、望遠鏡の道具であるレチクル座（P147）もあり……どうやら彼は、身近なものを星座にする傾向があるようです。

★ 学名：Telescopium
★ 設定者：ラカイユ
★ 見やすい時期：9月上旬

たて座は、戦争から生まれた。

1683年、トルコ軍がポーランドに攻め込みました。ポーランド王・ソビエスキーは、大軍を見事に撃退。それに感激した天文学者・ヘベリウスが「ソビエスキーのたて座（現・たて座）」をつくったのです。史実から生まれた珍しい星座です。

★ 学名：Scutum
★ 設定者：ヘベリウス
★ 見やすい時期：8月下旬

おおかみ座は、槍で突かれている。

★ 学名：Lupus
★ 設定者：プトレマイオス
★ 見やすい時期：7月上旬

おおかみ座は、隣にあるケンタウルス座（P68）に槍で突かれている位置にあります。昔は「野獣座」と呼ばれていたそうです。その姿は、「人間の肉の料理を出してゼウスを怒らせ、オオカミに変えられたアルカディアの王・リュカオン」とも言われていて……いろいろ悲しい星座です。

こぎつね座は、設定理由が、雑。

★ 学名：Vulpecula
★ 設定者：ヘベリウス
★ 見やすい時期：9月中旬

こぎつね座のキツネは、ガチョウをくわえています。設定者のヘベリウスが、「近くにわし座やはくちょう座があるから、ガチョウをくわえたキツネがいい」と考えたそうです。当時は「がちょうを持つこぎつね座」でしたが、いまはシンプルに「こぎつね座」。「鳥つながり」なら、ガチョウを残すべきだったのでは……？

101

＼ せつないコラム3 ／

column3

織姫と彦星は、遠距離恋愛すぎる。

織姫

L I N E
送るから〜

光の速さで
約15年
かかる
距離

遠いなぁ…

彦星

年に1回だけ、天の川を渡ってデートをする織姫と彦星。なんともせつない七夕の伝説ですが、どんな物語かご存知ですか?

昔、天の川の宮殿にいつも機をおっている美しい娘・織女がいました。毎日仕事ばかりの彼女を見て、織女の父は「恋人を与えよう」と思い、牽牛という青年と結婚させました。すると、織女は牽牛との時間が幸せすぎて、急に働かなくなってしまいます。怒った父は2人を別れさせ、1年に1回だけ会うことを許したのです。

これは中国の伝説で、「織女」は織姫、「牽牛」は彦星のこと。では、実際の宇宙で2人はどれくらい離れた距離にいるでしょう?

織姫はこと座のベガ。彦星はわし座のアルタイル。この2つの星は、なんと約15光年も離れています。デートをするには遠すぎますね。

※光年:光が1年かけて進む距離。

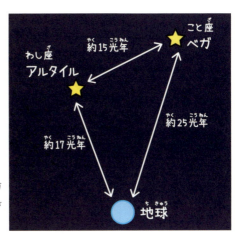

ちなみに、地球からはベガが約25光年、アルタイルが約17光年離れています。

せつない
秋の星座

※ 惑星・月は表示していません。

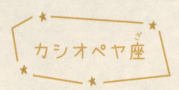

カシオペヤ座

カシオペヤ座は、「娘自慢」で神を怒らせたママ。

「自慢」と「悪口」は、どこでだれが聞いているか分かりません。エチオピア王の妻・カシオペヤは、美しい娘・アンドロメダが自慢でした。「どんなに海の妖精たちが美しくても、うちの娘にはかないませんわ」……ある日、カシオペヤがこんな自慢をしてしまいます。 すると、毎日のように津波が押し寄せ、化けクジラが海に現れるようになりました。海の神・ポセイドンが怒ったのです。実は、ポセイドンの妻は海の妖精で、彼は「妻をバカにされた」と思ったのです。

　その失言の罰として、カシオペヤはイスに縛られた状態で星になり、北極星のまわりをまわらされています。

★ 学名：Cassiopeia
★ 設定者：プトレマイオス
★ 見やすい時期：12月上旬

北極星を探す目印に使われる星座。日本では、「山形星」「錨星（船のいかり）」とも呼ばれました。

107

アンドロメダ座は、ママのせいで命を失いかけた娘。

エチオピア王の娘・アンドロメダ。彼女は海に突然現れた「化けクジラのいけにえ」として、浜辺の岩に裸のまま鎖で縛りつけられてしまいます。この化けクジラは、彼女の母・カシオペヤの失言に怒った海の神・ポセイドンが送り込んだ怪物。つまり、**アンドロメダは完全なとばっちりです。**

　化けクジラが口を開けて近づき、「もうダメだ!」というところで勇者・ペルセウスに助け出されたのが、唯一の救いと言えるでしょう。

アンドロメダ銀河

- ★ 学名：Andromeda
- ★ 設定者：プトレマイオス
- ★ 見やすい時期：11月下旬

地球から約230万光年の距離にあるアンドロメダ銀河。ぼんやりと輝くため、昔は「アンドロメダ星雲」と呼ばれていました。
※光年：光が1年かけて進む距離。銀河：たくさんの星などの集まり。

ケフェウス座

ケフェウス座は、対応ミスで炎上した王様。

秋の星座

★ 学名：Cepheus
★ 設定者：プトレマイオス
★ 見やすい時期：10月中旬

エチオピア王・ケフェウスは困っていました。娘・アンドロメダを、いけにえとして化けクジラにささげることになりそうだったからです。しかし、「どうしよう」とグズグズしている間に、化けクジラは海で暴れ出す始末。国民は「早くしろ」と迫り、石を投げはじめました。そこでようやく彼は、娘を差し出すことを決心したのです。

くじら座は、運の悪い化けクジラ。

- ★ 学名：Cetus
- ★ 設定者：プトレマイオス
- ★ 見やすい時期：12月中旬

くじら座の化けクジラは、いまはもうカチコチです。エチオピア王の娘・アンドロメダを襲おうとしたとき、勇者・ペルセウスにメデューサの首を向けられ、石にされてしまったから。メデューサは、顔を見た者を石にする怪物。化けクジラはメデューサを倒して帰る途中のペルセウスに、偶然出くわしてしまったです。悪役によくある、運の悪いやられ方……。

111

ペルセウス座

ペルセウス座のまわりは、石だらけ。

勇者・ペルセウスは、ゼウスの息子で力の強い青年でした。ある日、ペルセウスを嫌う王が、メデューサ退治を彼に命じます。メデューサは、顔を見た者を石にしてしまう恐ろしい怪物。王は「ペルセウスも石にされてしまうだろう」と思ったのです。しかし、ペルセウスは予想を裏切り、メデューサの首を切って倒してしまいました。

　それから彼は、メデューサの首を最大限に活用します。**アンドロメダを襲う化けクジラを石にしたり（P111）、自分を嫌う王や兵士を石にしたり……**剣を持っていますが、**もはや武器はメデューサの首だけでよさそうです。**

★ 学名：Perseus
★ 設定者：プトレマイオス
★ 見やすい時期：1月上旬

メデューサの頭に位置するアルゴルは、「悪魔の頭」という言葉が由来の星。明るさが変化する変光星として知られています。

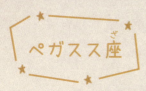

ペガスス座

ペガスス座のウマは、生まれ方がグロテスク。

勇者・ペルセウスが怪物・メデューサを倒したとき（P112）、1つの奇跡が起こりました。**流れ出るメデューサの血から、ペガススが生まれたのです**……気持ち悪い。その後、ペガススはコリントスの王子の馬として、怪物退治など、さまざまな戦いで活躍。次第に王子は、「自分は神だ」とうぬぼれ出します。しかし、怒ったゼウスがアブを放ち、空飛ぶペガススをチクリ。驚いたペガススは暴れ、王子を振り落としてしまったのです。……神様、怒るとアブを放ちがち（P14）。

　ちなみに、一般的によく目にする「ペガサス」は英語の発音。星座の名前はラテン語読みの「ペガスス」と表記します。

★学名：Pegasus
★設定者：プトレマイオス
★見やすい時期：10月下旬

ペガススの体にある3つの星と、アンドロメダ座の頭の星を合わせて「秋の四辺形（P105）」と言います。

115

こうま座は、頭だけしかない。

弟・ケレリス

兄・ペガスス

秋の星座

- ★ 学名：Equuleus
- ★ 設定者：プトレマイオス
- ★ 見やすい時期：10月上旬

こうま座は、日本から見える一番小さい星座。頭しかないため、昔は「馬の一部」「馬の頭」と呼ばれていたそうです。一説によると、こうま座はペガススの弟・ケレリスの姿。神の使者・ヘルメスが、ふたご座のカストル（P16）に贈った名馬だそうです。夜空ではペガスス座の頭と並ぶ位置にありますが、あまり存在感がありません。

みなみのうお座

みなみのうお座は、夫を殺して海に飛び込んだ女神。

- ★ 学名：Piscis Austrinus
- ★ 設定者：プトレマイオス
- ★ 見やすい時期：10月下旬

女神の憎しみが生んだ星座があります。愛と美の女神・アフロディテと仲が悪かった女神・デルセト。彼女は、アフロディテの呪いで人間の男性と結婚してしまいます。しかし、呪いが解けると人間を愛したことを恥じ、夫を殺して海に飛び込み、魚になったのです。

1等星・フォーマルハウトの輝きも、なんか悲しいものに見えてきますね。

けんびきょう座は、顕微鏡が必要なほど探しづらい。

けんびきょう座が設定されたのは18世紀。当時はハイテク機器だった顕微鏡ですが、一番明るい星でも5等星……。暗い星ばかりで、星座の形も顕微鏡をイメージするには無理があるため、夜空で見つけるのはかなり難しいでしょう。

★学名：Microscopium
★設定者：ラカイユ
★見やすい時期：9月下旬

秋の星座

とかげ座は、「いもり座」の可能性もあった。

とかげ座を設定したのは、天文学者・ヘベリウス。彼の星図書のとかげ座には、「いもり座」とも書かれています……迷っていたのかも？　その後、別の天文学者が描いたとかげ座の絵には、イヌともネコとも言えない動物が……なんだかカオス！

★学名：Lacerta
★設定者：ヘベリウス
★見やすい時期：10月下旬

さんかく座は、まわりが有名すぎてつらい。

ギリシャ文字の「Δ」に似ているため、「デルトトン」と呼ばれていたさんかく座。形が分かりやすく目立ちますが、まわりの星座が、おひつじ座、うお座、アンドロメダ座、ペルセウス座など、そうそうたるメンバーすぎて……つらい。

★学名：Triangulum
★設定者：プトレマイオス
★見やすい時期：12月中旬

つる座

つる座は、元「フラミンゴ座」。

17世紀にドイツの天文学者・バイヤーによって広められたつる座。それより昔の船乗りたちは、つる座を「フラミンゴ座」と呼んでいたそうです。明るい2等星が2つありますが、日本では地平線に近いところにあるため、探しにくいでしょう。

★ 学名：Grus
★ 設定者：ケイザーとハウトマン
★ 見やすい時期：10月下旬

ほうおう座

ほうおう座は、500年ごとに火に飛び込む不死鳥。

漢字で「鳳凰」と書くほうおう座は、伝説の鳥です。アラビアの砂漠に存在するとされ、500年ごとに火に飛び込み、再び舞い上がることから、「不死鳥（フェニックス）」「火の鳥」と呼ばれます。日本の多くの地域では、星座の一部しか見られません。

★ 学名：Phoenix
★ 設定者：ケイザーとハウトマン
★ 見やすい時期：12月上旬

ちょうこくしつ座

ちょうこくしつ座は、イメージしづらすぎる。

ちょうこくしつ座は、彫刻家の仕事場（アトリエ）の様子を表した星座。でも、人物の胸像と作業道具が置かれた状況をイメージするには……かなりの想像力が求められます。しかも暗い星ばかりなので、見つけづらい星座です。

★ 学名：Sculptor
★ 設定者：ラカイユ
★ 見やすい時期：11月下旬

119

\ せつないコラム4 /
column4
惑星の神々は、お騒がせ者ばかり。

太陽のまわりをまわる惑星たち。その1つ1つには、ギリシャ神話に登場する神々たちがあてがわれています。

水星：伝令の神・ヘルメス

神々のもとを自由に飛びまわっていた美青年。ゼウスの命令で怪物・アルゴスを退治したことも（P14）。どろぼうの守り神にもされていました。

金星：愛と美の女神・アフロディテ

息子のエロスとともにうお座の魚になった伝説が残っています（P52）。

火星：軍神・アレス

ゼウスの息子で乱暴者。争いを好み、ゼウスによく叱られていました。

木星：最高神・ゼウス

ウシ（P12）やワシ（P84）に変身して好きな子をくどく、やりたい放題の神。木星には70近くの衛星があり、その中には、ゼウスのせいで動物になったイオ（P14）やカリスト（P60）の名前がついています。

※衛星：惑星のまわりをまわる天体（地球の「月」にあたる）。

土星：時の神・クロノス

ゼウスの父。「将来ゼウスに殺される」と予言され、赤ちゃんのゼウスを飲み込もうとしましたが失敗。大きくなったゼウスに殺されました。

天王星：天の神・ウラノス

クロノスの父。クロノスに倒されました。

海王星：海の神・ポセイドン

エチオピアの海に化けクジラを送り込んだり（P106）、好きな子を見つけてイルカにナンパさせたりしています（P96）。

せつない
冬の星座

※ 惑星・月は表示していません。

画像提供：国立天文台

オリオン座は、勘違いで殺される。

狩りの名人・オリオン。彼には、いくつか（P36）絶命物語があります。月の女神・アルテミスは、オリオンに恋をしていました。しかし、兄である太陽の神・アポロンは、それが気に入りません。ある日、アポロンは海の方を指差してアルテミスに言いました。「弓がうまいオマエでも、あの金色の岩は狙えないだろう」。するとアルテミスは矢をヒュッと放ち、見事命中させます。しかし、実は金色の岩は、アポロンが光を浴びせたオリオンだったのです。もう動かなくなったオリオンを見て、アルテミスは泣き叫びつづけました。

冬の夜空に輝くオリオンのもとを月が通るのは、「せめて夜空で会いたい」と願うアルテミスの姿です。

★ 学名：Orion
★ 設定者：プトレマイオス
★ 見やすい時期：2月上旬

日本では「鼓星」とも呼ばれたオリオン座。赤く輝く1等星・ベテルギウスは、「冬の大三角（P123）」の1つです。

オリオン座のベテルギウスは、
日本語に訳すと「わきの下」。

　　赤く輝く1等星・ベテルギウス。ヒーローの名前にも見えますが、実は「わきの下」という言葉に由来します。オリオンのわきに位置しているからです。ちなみに、オリオン座のもう1つの1等星・リゲルは「左足」……どちらもそのまんまですね。

オリオン座の「わきの下」は、
もうないかもしれない。

「わきの下」ことベテルギウスは、地球から約640光年のところにあります。星としての寿命をほとんど終えているベテルギウスが、いま爆発しても、その爆発した光を地球で見られるのは640年後。つまり、もうすでに爆発していて、その光が届いてないだけかもしれないのです。不思議！

※ 光年：光が1年かけて進む距離。

おおいぬ座のイヌは、星座になった理由が理不尽。

冬の星座

言われた通りやったのに、途中でやめさせられる……そんなかわいそうなイヌがいます。あるとき、名犬・レラプスは、国中を荒しまわる凶暴なキツネを退治することになりました。キツネのもとに向かい、あっという間に追いつめたレラプスでしたが、キツネは身軽な動きでヒラリとかわし、なかなか決着がつきません。その様子を天から見ていた**ゼウスは、「どちらかが傷ついてはもったいない」と考え、なんと２匹とも石にしてしまいます。**そして、レラプスだけを天に上げたのです。「退治しろ」と言われてキツネを追ったのに、いきなり石にされたレラプスっていったい……。

　このほか、「オリオンが連れていた猟犬」という説などもあります。

★学名：Canis Major
★設定者：プトレマイオス
★見やすい時期：２月下旬

１等星・シリウスは、全星座の星で一番明るい星。「焼きこがすもの」を意味し、「冬の大三角（P123）」の１つです。

129

こいぬ座

こいぬ座のイヌは、すごい凶暴。

猟犬を連れて林を歩いていた狩人・アクタイオンは、思わずつばを飲みました。目の前の泉で、月の女神・アルテミスが水浴びをしていたからです。しかし、のぞき見がばれ、アルテミスは顔を真っ赤にして激怒。彼をシカに変えてしまいました。ここからがさあ大変。シカになったアクタイオンを、猟犬たちが一斉に追いかけはじめます。「もう逃げられない」……**あきらめたアクタイオンは、あっという間に噛み殺されてしまいました。こいぬ座は、この猟犬の1匹であるメランポスだと言われています。**かわいい姿からは想像できない凶暴さ……。

　ほかにも、「殺された主人が埋められた場所で、ずっと吠えつづけたイヌ」という説もあります。どちらにしろ悲しいですね。

- ★ 学名：Canis Minor
- ★ 設定者：プトレマイオス
- ★ 見やすい時期：3月中旬

「冬の大三角（P123）」の1つ、1等星・プロキオン。「イヌの先駆け」を意味し、シリウス（P129）より先に夜空に上がります。

131

ほ座・らしんばん座・とも座・りゅうこつ座は、船が解体されてできた星座。

この４つの星座は、「アルゴ船」という船の星座を解体してつくられました。フランスの天文学者・ラカイユによって正式に４つの星座として設定され、現在もその姿で残されています。

ほ座

- 学名：Vela
- 設定者：ラカイユ
- 見やすい時期：４月中旬

船の「帆」を表しています。

らしんばん座

- 学名：Pyxis
- 設定者：ラカイユ
- 見やすい時期：４月上旬

船の進む方向を決める羅針盤。もとはアルゴ船の帆柱部分でした。

とも座

- 学名：Puppis
- 設定者：ラカイユ
- 見やすい時期：３月中旬

船尾を表しています。

りゅうこつ座

- 学名：Carina
- 設定者：ラカイユ
- 見やすい時期：３月下旬

船体の星座。１等星・カノープスは全星座の星で二番目に明るい星です。

エリダヌス座

エリダヌス座は、ゼウスを怒らせた少年が落ちた川。

少年が命を落とした、悲しい川が夜空にあります。

太陽を引っ張りながら空を暴走した少年・ファエトン（P86）。大火事をもたらした彼は、ゼウスに雷を落とされ、空から川に落ちてしまいました。その川がエリダヌス川です。川の精霊たちはファエトンを優しく受け止め、手厚く葬りました。

ちなみに、エリダヌス川は実在する川ではありません。イタリアでは「パドゥス（現・ポー川）」、エジプトでは「ナイル」、メソポタミアでは「ユーフラテス」というように、昔は現地の川の名前で呼ばれていたそうです。

- ★ 学名：Eridanus
- ★ 設定者：プトレマイオス
- ★ 見やすい時期：1月中旬

1等星・アケルナルは「川の果て」という意味。日本では、九州南部より南でないと見られません。

ぎょしゃ座は、声に出して読みづらい。

★ 学名：Auriga
★ 設定者：プトレマイオス
★ 見やすい時期：2月中旬

「ぎょしゃ」は、漢字で「御者（馭者）」。「馬車を操る人」を意味します。一説によると、アテネの王・エリクトニウスの姿で、彼は戦車を発明して戦場で活躍したそうです。ただ、発音が難しい……試しに早口で「ぎょしゃ座」を3回言ってみましょう。

ちなみに、1等星・カペラは「小さなメスヤギ」を意味します。

はと座は、安全確認のために飛ばされたハト。

★ 学名：Columba
★ 設定者：プランキウス
★ 見やすい時期：2月上旬

はと座のハトは、『旧約聖書』の「ノアの箱舟」に登場します。神の教えに従い、箱舟に乗って大洪水から逃れたノア夫婦。しばらくして、ノアは箱舟からハトを放ちます。やがてオリーブの枝をくわえて戻ったハトを見て、彼は「草木が生えるほど状況がよくなった」と知ったのです。……ハト、無事に戻れてよかった。

冬の星座

やまねこ座は、設定者すら「探しづらい」と言っている。

★ 学名：Lynx
★ 設定者：ヘベリウス
★ 見やすい時期：3月中旬

やまねこ座は、残念ながら暗い星ばかり。やまねこ座を設定した天文学者・ヘベリウスでさえ、「やまねこの姿を見つけるには、やまねこのような目で見なければならない」と言う始末。しかも、設定時の名前は「やまねこ座、または、とら座」……いろいろぼんやりした星座です。

うさぎ座は、とにかく逃げるのに必死。

★ 学名：Lepus
★ 設定者：プトレマイオス
★ 見やすい時期：2月上旬

夜空には、かなりピンチのウサギがいます。オリオン座とおおいぬ座に囲まれている、うさぎ座。紀元前3世紀の詩人・アラトスは、「オリオンの足元を逃げまわり、シリウス（P129）に追われるウサギ」と表現しています。明るい星もなく、まさに「お先真っ暗」な星座です。

きりん座は、本当は「らくだ座」。

★ 学名：Camelopardalis
★ 設定者：プランキウス
★ 見やすい時期：2月中旬

きりん座は、なんと間違いから生まれた星座です。昔は「らくだ座」として設定されていたにもかかわらず、「ラクダ（Camelus）」と「キリン（Camelopardalis）」のつづりが似ていたため、いつからか「きりん座」になってしまったのだとか。ラクダ、無念すぎます。

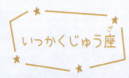

いっかくじゅう座は、夜空でも「幻の動物」。

★ 学名：Monoceros
★ 設定者：プランキウス
★ 見やすい時期：3月上旬

いっかくじゅう座は、幻の動物「一角獣（ユニコーン）」のこと。鋭い1本の角を持ち、「捕まえると幸せになれる」と考えられていました。「冬の大三角（P123）」の内側にある星座ですが、明るい三角形を見つけても、暗い星ばかりのいっかくじゅう座を見つけるのは至難の技です。さすが幻の動物……。

冬の星座

ちょうこくぐ座は、「ぐ」が気になる。

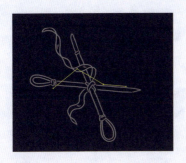

★学名：Caelum
★設定者：ラカイユ
★見やすい時期：1月下旬

ちょうこくぐ座は「彫刻具」と書きます。昔は「彫刻用のみ座」と呼ばれ、星座の絵では2つの工具がリボンで結ばれています。「ぐ」は工具の「具」だったのですね。設定者はフランスの天文学者・ラカイユ。彼はほかにも「ちょうこくしつ座（P119）」「がか座（P152）」をつくっていて……おそらく芸術好き。

ろ座は、夜空ではとても危険な状態。

★学名：Fornax
★設定者：ラカイユ
★見やすい時期：12月下旬

ろ座の「ろ」は、漢字で「炉」。暖炉ではなく、設定当時に最先端の器具だった化学実験炉です。薬品を煮たり、金属を溶かすのに使われました。普段使わないものなので分かりにくいですね。夜空では、エリダヌス座（P134）の曲線に食い込むような位置にあり、逆になった危険な状態で浮かんでいます。

139

\ せつないコラム5 /
column5

天の川は、冬にもある。

オリオン

へー近所に天の川あったんだ

レラプス（おおいぬ座）

メランポス（こいぬ座）

140

天の川の正体は、数えきれないほどのたくさんの星の集まりです。地球は「天の川銀河（銀河系）」と呼ばれる銀河の中にあり、その銀河の星々が地球からは天の川となって見えるのです。

　夏の天の川は、地球から天の川銀河の中心側を見ている姿。そのため星が多く、天の川も濃く見えます。一方、冬の天の川は、地球から天の川銀河の外側を見ている姿。そのため星が少なく、天の川も夏のようにはっきりとは見えないのです。

　ちなみに、冬の天の川はオリオン座、こいぬ座、おおいぬ座の近くを流れています。冬の夜空でオリオン座を見つけたときは、そこに流れる冬の天の川を想像してみてください。

※ 銀河：たくさんの星などの集まり。

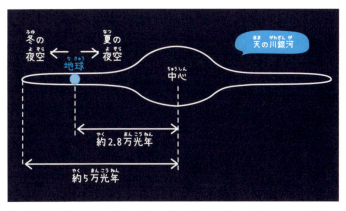

天の川銀河の半径は約5万光年。地球は、天の川銀河の中心から約2万8000光年のところにあります。　※ 光年：光が1年かけて進む距離。

せつない 南の星座

5月中旬 シドニーの星空

※惑星・月・天の川は表示していません。

143

みなみじゅうじ座

みなみじゅうじ座には、ニセモノがある。

★ 学名：Crux
★ 設定者：プランキウス
★ 見やすい時期：5月下旬

「南十字星」としても有名な、みなみじゅうじ座。全星座の中で一番小さいながらも、明るい星が多く南半球を代表する星座です。ただ、**そばにある「にせ十字」がやっかい者**。ほ座とりゅうこつ座（P132）の星でできていて、みなみじゅうじ座より暗い星々ですが、大きな十字形をしています。ニセモノにはご注意を！

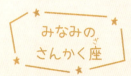

みなみのさんかく座

みなみのさんかく座は、さんかく座より目立つが……。

★ 学名：Triangulum Australe
★ 設定者：ケイザーとハウトマン
★ 見やすい時期：7月中旬

世の不公平さを感じさせるのが、みなみのさんかく座です。さんかく座（P118）よりもはるかに明るく、美しい三角形なのに、名前は「みなみのさんかく座」。昔からあった「さんかく座」を「きたのさんかく座」に変え、「みなみのさんかく座」を「さんかく座」に……とはならなかったのです。もしかして夜空は年功序列？

南の星座

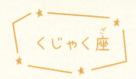

くじゃく座の羽の模様は、「怪物の目」。

ゼウスの妻・ヘラは、夫と浮気した娘を預かり、目が100もある怪物・アルゴスに見張らせます（P14）。しかし、ゼウスの使者がアルゴスを暗殺。**ヘラは悲しみ、飼っていたクジャクの羽にその目を飾ったそうです。**……クジャクを見る目が変わりますね。

ちなみに、頭にある2等星・ピーコックは、「クジャク」という意味です。

★ 学名：Pavo
★ 設定者：ケイザーとハウトマン
★ 見やすい時期：9月上旬

145

はえ座は、時々「みつばち座」。

わ、わたしハエじゃなくてハチですんで…

どっちでもいーよ

南の星座

★ 学名：Musca
★ 設定者：ケイザーとハウトマン
★ 見やすい時期：5月下旬

　はえ座は、16世紀にケイザーとハウトマンがつくったと言われています。しかし、1603年にドイツの天文学者・バイエルによって「みつばち座」となり、その後「みつばち、または、はえ座」となり……18世紀に「はえ座」に戻されました。ちなみに、夜空ではすぐ隣のカメレオン座（P154）に狙われています。

インディアン座は、「印度人座」と訳された。

★ 学名：Indus
★ 設定者：ケイザーとハウトマン
★ 見やすい時期：10月上旬

アメリカの先住民族を表すインディアン座。「インディアン」は、コロンブスがバハマ諸島にたどり着いた際、その一帯を「インド」だと勘違いしたのがきっかけで生まれた名前。「インディアン座」は、日本でも同じように「印度人座」と誤訳されてしまいました。

偶然ですが、星の並びが漢字の「人」にも見えるような……。

レチクル座は、マニアックすぎる。

★ 学名：Reticulum
★ 設定者：ラカイユ
★ 見やすい時期：1月中旬

レチクル座は、望遠鏡の道具の1つ。星の位置の観測に使われ、当時はひし形の網でした。日本では、「小網座」と訳された時期もあります。設定者は、ぼうえんきょう座（P100）、けんびきょう座（P118）などをつくったフランスの天文学者・ラカイユ。彼に星座の名前を任せたら、夜空はおそらく道具だらけ……。

147

とびうお座

とびうお座は、船にぶつかっている。

- ★ 学名：Volans
- ★ 設定者：ケイザーとハウトマン
- ★ 見やすい時期：3月中旬

翼のようなヒレを持ち、100m以上先まで飛ぶことができるトビウオ。その大群が勢いよく飛ぶ光景を、大航海時代の船乗りたちもアジア周辺の海で目にしたはずです。

とびうお座は、りゅうこつ座（P132）の船体に突き刺さるようなところに位置しています。 どうやら夜空でも、元気に飛び跳ねているようです。

南の星座

148

かじき座は、星座より「大マゼラン雲」の方が有名。

かじき座は、昔は「シイラ座」だったという説もあり、正体がはっきりしていません。星座名より、大マゼラン雲の方がよく知られています。大マゼラン雲は、地球から約16万光年のところにある銀河です。

★ 学名：Dorado
★ 設定者：ケイザーとハウトマン
★ 見やすい時期：1月下旬

※ 光年：光が1年かけて進む距離。
　銀河：たくさんの星などの集まり。

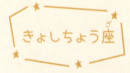

きょしちょう座は、星座より「小マゼラン雲」の方が有名。

きょしちょう座は、くちばしの大きな「巨嘴鳥」のこと。南アメリカの鳥で、日本では「オオハシ」と言います。ただ、夜空ではそんな鳥の姿よりも、小マゼラン雲の方が圧倒的に有名です。16世紀にポルトガルの探検家・マゼランが、大マゼラン雲とともに航海中に記録した銀河で、地球から約22万光年のところにあります。

★ 学名：Tucana
★ 設定者：ケイザーとハウトマン
★ 見やすい時期：11月中旬

とけい座は、時代を感じる振り子時計。

- 学名：Horologium
- 設定者：ラカイユ
- 見やすい時期：1月上旬

南の星座

1656年に初めてつくられた振り子時計。**とけい座は、そんな振り子時計をモチーフに、18世紀に設定されました。**すぐそばにはエリダヌス座（P134）が流れていて、時を刻む音と川のさざ波が聴こえてきそうです。

いまではレトロな雰囲気を感じさせる振り子時計ですが、100年も経てば、きっとスマホもレトロなアイテム？

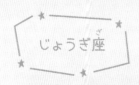

じょうぎ座は、折れた十字架に見える。

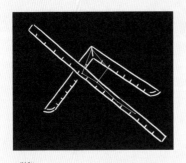

★学名：Norma
★設定者：ラカイユ
★見やすい時期：7月中旬

「ポキッ」という音が聞こえてきそうな形をしているじょうぎ座。別に折れているわけではなく、まっすぐなじょうぎと直角じょうぎ（曲尺）を組み合わせた姿が描かれています。すぐ隣にあるコンパス座と同じく、科学道具を星座にしがちなフランスの天文学者・ラカイユが設定した星座です。

コンパス座は、設定当時は最先端の道具だった。

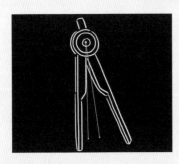

★学名：Circinus
★設定者：ラカイユ
★見やすい時期：6月下旬

コンパス座は、18世紀に設定されました。当時、コンパスは発明されたばかりの最先端の道具。じょうぎ座とともに、船の針路を描くのに欠かせないものだったのです。天の川の中にありますが、全星座で四番目に小さく、明るい星がないので見つけづらい星座です。

がか座は、「画家」ではない。

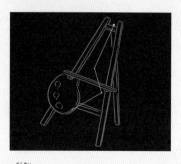

★ 学名：Pictor
★ 設定者：ラカイユ
★ 見やすい時期：2月上旬

がか座は、「画家」ではなく「画架」。イーゼル（キャンバスに描いた絵などを載せる台）を表す言葉です。つい「画家」を思い浮かべてしまいますが……違います。りゅうこつ座（P132）の1等星・カノープスがすぐそばで明るく輝いているものの、がか座は暗い星ばかりなので見つけづらいでしょう。

さいだん座は、なんとも暗い話ばかり。

★ 学名：Ara
★ 設定者：プトレマイオス
★ 見やすい時期：8月上旬

さいだん座は、神にいけにえをささげる「祭壇」。「ゼウスの父・クロノスが『いつか息子（ゼウス）に殺される』と知らされた祭壇」とも言われています。また、古代ギリシャの船乗りは、「さいだん座が南の空に現れると嵐」と考えていたそう……。明るい話題は少ないものの、星は割と明るく見つけやすい形の星座です。

南の星座

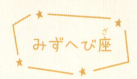

みずへび座には、昔「南極星」があった。

オレだって昔はみんなの中心でさ…

ミズヘビ↓

昔の南極星

* 学名：Hydrus
* 設定者：ケイザーとハウトマン
* 見やすい時期：12月下旬

　日本では、「こうみへび（小海蛇）座」と訳された時期もあるみずへび座。この星座の星の1つは、北の夜空の中心で輝く北極星のように、紀元前3000年ごろは「南極星」として南の夜空の中心的存在でした。しかし、歳差運動（P78）によって現在は変わっています。ちなみに、この星が次に南極星となるのは約2万1000年後です。

153

カメレオン座・ふうちょう座・はちぶんぎ座・テーブルさん座は、日本からまったく見えない。

この4つの星座は、「天の南極（南極の真上の空）」近くにあるため、日本からは見ることができません。 その中でも、テーブルさん座は、実際の風景が星座になった唯一の星座。南アフリカの山（Table Mountain）がモチーフとなっています。設定者であるフランスの天文学者・ラカイユは、山の麓にあるケープタウンで南の星の位置を1万個ほど観測しました。

カメレオン座

- ★ 学名：Chamaeleon
- ★ 設定者：ケイザーとハウトマン
- ★ 見やすい時期：4月下旬

はえ座（P146）の隣で、エサを狙っているかのような姿の星座。

ふうちょう座

- ★ 学名：Apus
- ★ 設定者：ケイザーとハウトマン
- ★ 見やすい時期：7月中旬

「風鳥」は、ニューギニア周辺にすむ極楽鳥のことです。

はちぶんぎ座

- ★ 学名：Octans
- ★ 設定者：ラカイユ
- ★ 見やすい時期：10月上旬

「八分儀」は、角度をはかる航海道具。改良後、六分儀になりました。

テーブルさん座

- ★ 学名：Mensa
- ★ 設定者：ラカイユ
- ★ 見やすい時期：2月上旬

南アフリカにある、てっぺんがテーブルのように平らな山です。

\ せつないコラム 6 /
column 6

いまは、もうない星座がある。

気球座（ききゅうざ）

モ〜

ニャ〜ィ

ねこ座（ねこざ）

ポニアトフスキーのおうし座（ざ）

156

現在ある星座は全部で88個。これは、1930年に国際天文学連合が決めたものです。それまでは、自由に星座をつくれたこともあり、個人の思いや好みが反映された星座があったことも分かっています。

ねこ座

「ネコが好きだから」という理由で、フランスの天文学者・ラランドが設定した星座です。

ポニアトフスキーのおうし座

ポーランドの天文学者・ポスツォブトが、当時のポーランド王の名前をとって名付けた星座です。

気球座

熱気球で初飛行をしたモンゴルフィエ兄弟を記念してつくられました。

ハーシェルの望遠鏡座

「ハーシェル」は、天王星を発見したイギリスの天文学者です。

フリードリヒの栄誉座

ドイツの天文学者・ボーデが、当時の国王・フリードリヒ2世をたたえてつくった星座です。

アンティノウス座

2世紀のローマ皇帝に愛された美少年・アンティノウスを描いた星座。現在のわし座（P84）の隣にありました。

157

88星座索引

メインで紹介しているページはピンク色です。

アンドロメダ座	P108 P115 P118
いっかくじゅう座	P138
いて座	P39 P40 P42
いるか座	P96
インディアン座	P147
うお座	P52 P54 P118 P121
うさぎ座	P137
うしかい座	P70
うみへび座	P25 P66 P77
エリダヌス座	P134 P139 P150
おうし座	P12 P14
おおいぬ座	P128 P137 P141
おおかみ座	P101
おおぐま座	P60 P63 P64 P76
おとめ座	P28 P30 P35
おひつじ座	P8 P10 P118
オリオン座	P36 P124 P126 P137 P141
がか座	P139 P152
カシオペヤ座	P106
かじき座	P149
かに座	P20 P22 P25 P66
かみのけ座	P72
カメレオン座	P146 P154
からす座	P67 P74 P75
かんむり座	P99 P100
きょしちょう座	P149
ぎょしゃ座	P136
きりん座	P138
くじゃく座	P145
くじら座	P111
ケフェウス座	P110
ケンタウルス座	P68 P101
けんびきょう座	P118 P147
こいぬ座	P130 P141
こうま座	P116
こぎつね座	P101
こぐま座	P62 P64 P79 P93
こじし座	P76
コップ座	P67 P74 P75
こと座	P79 P82 P103
コンパス座	P151
さいだん座	P152
さそり座	P35 P36 P38 P57
さんかく座	P118 P144
しし座	P24 P26 P66 P76 P77
じょうぎ座	P151
たて座	P100
ちょうこくぐ座	P139
ちょうこくしつ座	P119 P139
つる座	P119
テーブルさん座	P154
てんびん座	P31 P32 P34
とかげ座	P118
とけい座	P150

158

とびうお座	P148	みずがめ座	P48 P50 P85
とも座	P132	みずへび座	P153
はえ座	P146 P155	みなみじゅうじ座	P144
はくちょう座	P79 P86 P101	みなみのうお座	P49 P117
はちぶんぎ座	P154	みなみのかんむり座	P100
はと座	P136	みなみのさんかく座	P144
ふうちょう座	P154	や座	P98
ふたご座	P16 P18 P116	やぎ座	P44 P46
ペガスス座	P114 P116	やまねこ座	P137
へび座	P95	らしんばん座	P132
へびつかい座	P94 P95	りゅうこつ座	P132 P144 P148 P152
ヘルクレス座	P88 P90	りゅう座	P79 P92
ペルセウス座	P112 P118	りょうけん座	P76
ほ座	P132 P144	レチクル座	P100 P147
ぼうえんきょう座	P100 P147	ろ座	P139
ほうおう座	P119	ろくぶんぎ座	P67 P77
ポンプ座	P77	わし座	P84 P101 P103 P157

主な参考文献

『四季の星座図鑑』ポプラ社　藤井旭

『夢が広がる伝説の世界　星座と神話』ナツメ社　渡部潤一（監修）矢部美智代（著）

『星と神話』講談社　井辻朱美

『星座の事典』ナツメ社　沼澤茂美　脇屋奈々代

『小学館の図鑑NEO 星と星座』小学館

『全天星座百科』誠文堂新光社　藤井旭

『星をさがす本』角川書店　林完次

『星と伝説』偕成社　野尻抱影

『チロの星空カレンダー』（1月〜12月）ポプラ社　藤井旭

『天文年鑑 2017年版』誠文堂新光社

監修：多摩六都科学館
（浦智史）

「最も多くの星を投映するプラネタリウム」として世界一に認定されたプラネタリウムがある科学館。スタッフによる生解説の投映が人気を集めている。観察・実験・工作など教室が毎日開催される展示室内の「ラボ」も特徴の1つ。
https://www.tamarokuto.or.jp

企画・文：森山晋平
（ひらり舎）

1981年生まれ。フリーの書籍企画者。出版社時代に『夜空と星の物語』、『何度も読みたい広告コピー』などを企画・編集。独立後は『世界でいちばん素敵な夜空の教室』（三才ブックス）、『毎日読みたい365日の広告コピー』（ライツ社）などを手がける。

絵：伊藤ハムスター

1986年生まれ。多摩美術大学油絵科卒。坂川栄治イラストレーションクリニック受講後、フリーのイラストレーターに。くすりと笑えるイラストレーションをモットーに制作。4コマ漫画連載『跳べ！イトリ』（毎日新聞デジタル）、書籍挿絵『ネコの看取りガイド』（エクスナレッジ）などを手がける。

せつない星座図鑑

2018年 8月 1日　第1刷発行
2022年11月 1日　第4刷発行
定価（本体1,200円＋税）

監修	多摩六都科学館・浦智史（**おうし座**）
著者	企画・文：森山晋平（**おうし座**）　絵：伊藤ハムスター（**やぎ座**）
企画・デザイン	公平恵美（**かに座**）
星図イラスト	山本和香奈（**てんびん座**）
協力	森山明（**おうし座**）
発行人	塩見正孝（**みずがめ座**）
編集人	神浦高志（**かに座**）
販売営業	小川仙丈（**しし座**）　中村崇（**みずがめ座**）　神浦絢子（**ふたご座**） 竹村司（**やぎ座**）　井上彩乃（**やぎ座**）
印刷・製本	図書印刷株式会社

発行　株式会社三才ブックス
〒101-0041
東京都千代田区神田須田町2-6-5　OS'85ビル
TEL：03-3255-7995
FAX：03-5298-3520
http://www.sansaibooks.co.jp/

※本書に掲載されているイラスト・記事などを無断掲載・無断転載することを固く禁じます。
※万一、乱丁・落丁のある場合は小社販売部宛にお送りください。送料小社負担にてお取り替えいたします。

©2018, 森山晋平, 伊藤ハムスター